AF603567

ÉTUDE SUR LE PHYLLOXERA

CONSERVATION DES VIGNOBLES

PAR

LA RHIZOPLASTIE

OU

ADJONCTION DE RACINES AMÉRICAINES

Moyen pratique et peu coûteux de soustraire les vignes à l'action destructive du phylloxera

Par Léon GACHASSIN-LAFITE

Avocat, docteur en droit, membre de la Société d'Agriculture de Bordeaux.

BORDEAUX
FERET & FILS, libraires-éditeurs
15, cours de l'Intendance, 15

1874

CONSERVATION DES VIGNOBLES

PAR

LA RHIZOPLASTIE

OU

GREFFAGE DE RACINES AMÉRICAINES

Moyen pratique et peu coûteux d'empêcher la destruction de la vigne par le phylloxera.

Le phylloxera a été signalé en Europe depuis quelques années seulement, et déjà il est pour tous les viticulteurs un sujet d'épouvante. Cet insecte, qui ne s'était d'abord montré en France que sur quelques points isolés et en très petit nombre, s'est multiplié, grâce sans doute à des conditions atmosphériques favorables, avec une rapidité telle, qu'aujourd'hui tous les pays de vignobles, s'ils ne sont pas déjà atteints, sont très sérieusement menacés par ce fléau bien plus redoutable que tous ceux qui jusqu'à présent avaient frappé la vigne.

Les propriétaires agriculteurs se sont justement émus dès qu'ils ont compris l'imminence du danger. Il y va de la fortune presque entière du midi de la France. On frémit à la pensée de l'immense malheur qui, peut-être, va fondre sur nous. Non-seulement ce serait la ruine des propriétaires de vignobles, mais encore c'est la misère pour la nombreuse population à qui la viticulture donne du travail. Et qu'on ne s'imagine pas que nous nous exagérions le danger et ses funestes conséquences. Il n'y a rien que de très fondé dans nos craintes. Nos vignes, dont les produits sont recherchés et achetés à chers deniers par le monde entier, font vivre beaucoup plus d'individus que ne pourrait le faire toute autre culture qui lui serait substituée. La vigne exige, en effet, des soins de tous les instants et nécessite, par suite, un personnel très nombreux.

C'est un devoir impérieux pour chacun de se préoccuper de cette grave éventualité et de chercher les moyens de la conjurer. Si quelqu'un a sur ce point une idée utile, il doit la faire connaître. C'est cette considération qui m'a déterminé à donner de la publicité à une idée que m'a suggérée une pratique déjà ancienne des arboriculteurs, et qui pourrait très utilement être appliquée à la vigne, en lui faisant subir quelques modifications.

Dès que le mal a été signalé, la science, dont l'esprit est toujours en éveil, s'est mise à l'œuvre et a cherché les moyens de détruire ce chétif insecte, imperceptible ennemi, qui fait de si grands et si irréparables ravages. On avait déjà triomphé d'un mal très grave, l'oïdium ; n'était-il pas permis de penser que l'intelligence de l'homme donnerait une nouvelle preuve de sa puissance en trouvant à ce nouveau mal un remède efficace? Les savants se sont donc courageusement mis au travail. L'insecte a été très attentivement étudié; sa structure, ses mœurs, son mode de reproduction, commencent à être connus. C'est là assurément un point important. Mais, hélas! il faut bien le reconnaître, jusqu'à ce jour aucun résultat pratique n'a été atteint. Le danger est toujours là, aussi menaçant, que dis-je? plus menaçant que jamais. Ne peut-on pas dire que, comme la Renommée, il acquiert chaque jour une nouvelle intensité : *acquirit vires eundo?*

Le charlatanisme et la spéculation, exploitant la crainte et la crédulité publiques, offrent bien de toutes parts, aux agriculteurs, des remèdes déclarés infaillibles. On ne compte déjà plus les spécifiques qui sont proposés. Il en est de si grotesques, qu'on serait disposé à en rire, si on ne songeait que ces prétendus inventeurs trouveront facilement des dupes à faire parmi les personnes crédules. Connaissant la confiance aveugle que le public accorde aux moyens empiriques, les industriels produisent des engrais qui, d'après leur dire, ont non-seulement la propriété de détruire le phylloxera, mais encore mille autres propriétés plus mirifiques les unes que les autres. Si on s'en rapportait au langage de ces innombrables prospectus, la viticulture, bien loin d'être gravement menacée, entrerait au contraire dans une ère de prospérité nouvelle.

Il importe de se tenir en garde contre ces réclames, produit d'un méprisable mercantilisme, qui ne sont propres qu'à égarer les esprits. Malheureusement l'éducation scientifique du pays et particulièrement celle des cultivateurs est encore à faire. C'est là une des nombreuses lacunes que présente notre système d'enseignement en France. Les conséquences en sont plus graves qu'on ne l'imagine généralement. Grâce à l'absence des notions scientifiques, les idées les plus fausses, les plus singulières, trouvent crédit auprès du viticulteur, dont l'esprit est troublé par l'imminence et la grandeur du danger.

Beaucoup de personnes sont encore imbues de cette idée, qui, selon nous, est une erreur, que le terrible insecte n'est pas la cause de la maladie qui détruit le cep de vigne; mais qu'il en est la conséquence. D'après eux, le phylloxera serait le produit d'une pourriture particulière de la racine de la vigne. On songe malgré soi, au passage des *Géorgiques*, où le poète raconte comment, à l'aide du cadavre d'un jeune taureau, on peut obtenir un essaim d'abeilles : « Tout à coup, prodige incroyable! des entrailles corrompues des victimes et à travers les flancs qu'ils déchirent, s'élancent en bourdonnant des essaims d'abeilles qui s'élèvent dans les airs comme un nuage, un nuage immense, et se suspendent en grappes au sommet des arbres dont ils font ployer les branches. » On a peine à croire que dans notre siècle, où les études des sciences naturelles ont pris un si grand développement, de semblables idées puissent encore avoir cours. Combien de fois n'avons-nous pas entendu, combien de fois même n'avons-nous pas lu dans des journaux d'agriculture l'exposé de ce système. Les vignes affaiblies ou épuisées seraient les seules atteintes. Il suffirait donc, comme moyen préventif, de multiplier les soins et de donner des engrais. C'est là une erreur que l'expérience a depuis longtemps démontrée. Les vignes les plus vigoureuses sont, elles aussi, atteintes par le phylloxera et ne résistent pas à son action destructive.

Les mêmes doctrines n'avaient pas manqué de se produire lorsque, pour la première fois, l'oïdium fit son apparition. La vérité pourtant finit par se faire jour. Personne ne doute plus maintenant que le champignon Tuckerii ne soit la cause du mal dont le raisin et la vigne ont été et sont encore atteints. Qui oserait soutenir, lorsque la chenille ou le limaçon dévorent au printemps les jeunes pampres de la vigne, que c'est la conséquence de l'affaiblissement ou de l'épuisement du pied? L'erreur scientifique serait pourtant aussi grossière dans un cas que dans l'autre. Espérons-le, la vérité ne tardera pas à s'imposer à tous les esprits.

Nous devons le dire, le répéter à satiété, pour tenir le cultivateur en garde contre les séductions des industriels : aucun remède efficace n'a été jusqu'à ce jour découvert. Je me trompe, il en existe un, un seul, mais rarement praticable. Il consiste à couvrir d'eau le vignoble pendant l'automne. L'insecte ne résiste pas à cette immersion suffisamment prolongée. Mais combien peu de vignobles se trouvent dans une situation qui permette d'avoir recours à ce moyen !

Les savants seront-ils plus heureux à l'avenir? Le succès viendra-t-il couronner leurs efforts? Il est permis de l'espérer, mais permis aussi de craindre que de longtemps la science ne demeure impuissante, ou que du moins elle ne découvre le remède que lorsque déjà le mal aura fait d'immenses et irréparables ravages. Qu'arriverait-il dans ce cas? Hélas! la réponse est facile. L'exemple de l'Amérique nous la fournit. Dans toutes les régions du nouveau continent où le phylloxera a sévi, les variétés de vigne européenne n'ont pu résister à son action destructive. Aucune des plantations faites avec des cépages européens n'a pu prospérer. C'est M. Planchon qui nous fournit ces renseignements. Et cependant, on produit du vin en Amérique, et la production va même tous les jours en augmentant. La raison en est que les Américains possèdent des cépages indigènes d'une puissance de végétation extraordinaire, dont nos variétés les plus robustes ne sauraient donner une idée.

Ces cépages américains, soit à raison de leur grande vigueur, soit à raison de leur nature propre, résistent au phylloxera. Les uns ne sont pas atteints par l'insecte, qui ne se plaît sans doute pas sur leurs racines; les autres sont attaqués par lui, mais supportent, sans trop en souffrir, ce dangereux parasite(1).

Ces deux faits, qui sont aujourd'hui établis d'une manière irrécusable, ont inspiré un moyen de conjurer le fléau. Ce moyen est proposé et préconisé par M. Planchon, le savant éminent qui s'est rendu en Amérique pour étudier sur place les qualités propres aux cépages américains. Il consiste à importer en France et à cultiver les cépages qui sont réfractaires au phylloxera ou qui vivent avec lui.

Les cépages américains présentent sur nos cépages d'Europe un avantage bien appréciable : ils sont infiniment plus vigoureux et productifs. Mais en revanche aussi, leurs raisins, et par suite les vins qu'ils servent à produire, n'ont pas le goût délicat et si agréablement parfumé qui recommande et fait la valeur des nôtres. On leur reproche notamment un goût de musc fortement accusé. — En Amérique, comme en France, se révèle cette règle qui veut que l'abondance ne puisse s'obtenir en même temps que la qualité et la finesse.

Pour remédier à ce grave inconvénient, qui rendrait impossible dans le Bordelais l'introduction des cépages américains, on propose de se servir de ces cépages comme de simples porte-greffes. Il suffirait de greffer nos fins cépages sur des ceps américains. Par ce procédé on pourrait avoir combinés les deux avantages : résistance au phyl-

(1) Voir, sur ce point, les deux remarquables articles de M. Planchon, insérés dans la *Revue des Deux-Mondes*, n°s des 1er et 15 février 1874.

Nous reproduisons à la fin de cet opuscule plusieurs documents très-importants, parmi lesquels une lettre et un article de M. PLANCHON établissant que le *clinton* et d'autres cépages américains non-seulement résistent au phylloxera, mais encore se développent très-vigoureusement lorsqu'on les plante par bouture dans un lieu déjà infesté.

loxera, d'une part, finesse et délicatesse des produits, de l'autre.

Ce procédé repose assurément sur une base scientifique, mais il présente un point attaquable. Il suppose que les vignes actuelles, dont sont complantées nos régions, sont vouées à une destruction qu'il importe d'empêcher. Sans doute, si, comme cela est possible, la science ne fournit pas un remède efficace ou ne le découvre que trop tard, alors que la plus grande partie des vignobles seraient détruits, il pourrait être avantageux encore de recourir à ce procédé. Mais n'est-il pas cruel d'attendre patiemment que ces tristes prévisions se soient réalisées, pour chercher à y apporter un remède? Quoi! les vignobles actuels composés avec tant de soin des cépages les plus exquis seraient voués à une destruction certaine! ces ceps jeunes et vigoureux, qui sont arrivés à la période de production (les propriétaires savent au prix de quelles dépenses et de quels soins), devraient disparaître pour faire place à de jeunes plantations de cépages américains, qui ne pourraient entrer en production qu'au bout d'un laps de temps de six ou sept ans.

Évidemment, ce n'est pas là la solution du problème que chaque viticulteur s'est posé. Il s'agit, qu'on ne l'oublie pas, de conserver des vignobles et non d'en replanter de nouveaux. Imagine-t-on quelle perte, quelle ruine immense entraînerait une semblable transformation de culture. On est effrayé rien qu'à cette pensée.

Heureusement, sans qu'il soit besoin d'attendre cette fatale échéance, il existe un moyen bien simple et pas trop coûteux de préserver nos vignes du phylloxera, sans qu'il soit besoin d'attendre stoïquement qu'elles soient détruites pour les reconstituer. C'est ce moyen que je me propose d'exposer ici, afin de le soumettre à l'appréciation des agriculteurs expérimentés. — Il consiste à conserver es vignes actuellement plantées, en leur adjoignant, par un procédé très-simple et facilement praticable, des racines américaines inattaquables au phylloxera. En d'autres termes, les racines actuelles étant exposées à périr, il suffit, pour conserver la vigne, de leur donner des racines nouvelles qui résisteront aux attaques.

A ce procédé nouveau j'ai dû donner un nom nouveau, et, conformément à l'usage scientifique, j'en ai formé un à l'aide de deux mots grecs : ριζα, *racine*, et πλασσειν *former*.

Je demande bien pardon au lecteur de ce pédantisme apparent qui m'est imposé par la nécessité.

Si cette idée est pratique et pas trop coûteuse, il est inutile de faire ressortir longuement les avantages de ce procédé. Les propriétaires ne seront pas réduits à cette pénible et dispendieuse nécessité d'arracher leurs vignes. Ils les conserveront, sans que la production soit tant soit peu diminuée. Peut-être même, mais c'est là un point que j'avance sans pouvoir l'établir, la production du vin pourrait-elle être augmentée, ainsi que j'essaierai de le démontrer.

I

Moyen pratique d'adjoindre, à des pieds de vigne déjà existants et en plein rapport, des racines américaines qui résistent au phylloxera.

Il n'est aucun horticulteur-pépiniériste qui ne connaisse la greffe, dite « par rameau-bouture. » Le système que je propose n'est autre chose qu'une application de ce genre greffe. Il est donc important que je décrive cette greffe pour ceux qui ne sont pas familiarisés avec les travaux d'arboriculture.

J'emprunte cette description à un excellent article de M. Baltet, contenu dans le *Livre de la Ferme,* de M. Joigneaux (1).

« Pour multiplier certains genres qui réussissent parfaitement au bouturage et imparfaitement au greffage par rameau, dit M. Baltet, comme la vigne, le cognassier, le platane, nous avons recours à un procédé mixte, que voici :

» Nous amputons le sujet à $0^m,10$ ou $0^m,20$ du collet; le cognassier peut être coupé ras de terre, et la vigne au-dessous du niveau du sol; nous prenons un rameau à greffer d'une longueur suffisante pour que sa base étant enfoncée en terre comme une bouture à côté du sujet, il puisse être greffé par une insertion quelconque, en fente, sous l'écorce, en placage, à l'anglaise, etc., et que le sommet de ce rameau à greffer dépasse la partie tronquée du sujet de la hauteur de deux yeux ou bourgeons. La séve arrivant par deux voies, par la bouture et par le sujet, l'union sera plus prompte, plus certaine, et la vigueur de plusieurs variétés plus grande que si la multiplication n'avait eu lieu que par simple bouturage.

» Si nous ne voulons pas étêter le sujet, nous introduisons la greffe par le moyen du greffage en approche, avec languette et cran. A côté, le rameau A, avivé en C, est appliqué sur le sujet B, par l'incision D, ouvrant l'écorce à droite et à gauche (voir la planche annexée à la fin du présent opuscule). Le sevrage se fait encore par l'ébranchage partiel commencé quelques jours après l'opération

(1) *Le Livre de la Ferme*, 2e édition, page 161.

et continué jusqu'à ce que la soudure soit bien accusée. On ne greffera ainsi que des sujets ayant au moins un an de plantation.

» Pour ce qui est du sevrage du rameau puisant une nourriture supplémentaire dans le sol, nous attendons qu'il annonce, par sa végétation et par le bourrelet qui se forme au point de contact, que désormais les racines du sujet suffiront à son entretien. Ici encore nous sevrons en deux ou trois fois, d'abord par l'incision annulaire sur le bras compris entre la greffe et le terrain, puis par une section définitive qui pourrait être retardée jusqu'à la fin de la saison.

» En greffant la vigne avec un rameau non enraciné, la partie opérée doit toujours se trouver enterrée ou enveloppée de terre. »

Le procédé de greffe de rameau-bouture étant ainsi exposé, on voit aisément quelles modifications nous devrons y introduire pour atteindre le but que nous nous proposons. Dans le greffage, on se propose de fixer une branche sur un pied déjà existant, de telle sorte que cette branche se nourrisse de la sève du pied. Nous, au contraire, nous désirons donner à un pied existant déjà des racines nouvelles qui puissent le nourrir.

L'opération que nous avons indiquée plus haut pour le greffage devra être exactement exécutée telle qu'elle est décrite par M. Baltet, sauf, toutefois, que l'on doit nécessairement ne pas étêter le sujet à greffer, puisque c'est lui que nous proposons de conserver. Ce n'est qu'au moment du sevrage que l'opération devra être quelque peu modifiée. On comprend alors ce qui doit se passer. Le jeune sujet que l'on aura, à l'aide de la greffe, soudé au cep, se développera et poussera des racines qui ne tarderont pas à être vigoureuses, si on a eu la précaution d'y mettre un engrais approprié aux besoins de la vigne.

Quand on supposera que le jeune pied est suffisamment enraciné (l'expérience indiquera facilement le moment opportun), on coupera la tige extérieure de la greffe qui n'avait été conservée que comme tire-séve. La séve puisée par les jeunes racines dans le sol ira alimenter le vieux pied. Dans très peu de temps ces jeunes racines auront assez de force pour nourrir le vieux pied à elles seules. Si nous supposons que le rameau employé pour la greffe soit un cépage réfractaire au phylloxera, l'existence de la vigne se trouvera alors assurée, même pour le cas où les racines primitives viendraient à être attaquées et détruites par l'insecte.

Si le pied à préserver était trop gros ou le mal trop imminent, rien n'empêcherait d'adjoindre au vieux pied deux boutures américaines. La dépense serait plus grande, mais le résultat plus sûr. En mettant les deux boutures dans la direction du rang, elles ne gêneraient en aucune façon pour les travaux du labourage. Dans ce cas, le pied ressemblerait à un valétudinaire soutenu par deux béquilles vivantes.

On se demandera, sans doute, si ce procédé ne présente pas un inconvénient grave.

N'y a-t-il pas à craindre que la sève, élaborée par les racines des cépages américains et transfusée ainsi artificiellement dans les vaisseaux séveux du cep français, ne vienne altérer la nature et le goût du raisin, et modifier, par suite, d'une façon regrettable, le caractère du vin? Si ce résultat se produisait, notre but serait évidemment manqué. Heureusement que ce n'est là qu'une crainte sans fondement. L'expérience a depuis longtemps démontré qu'il n'en doit pas être ainsi. On peut affirmer, sans crainte que les faits viennent démentir cette assertion, que les raisins venus sur les pieds ainsi alimentés par la greffe rhizoplastique, conserveront absolument leurs caractères primitifs. Depuis un temps immémorial, en effet, les horticulteurs greffent des poiriers sur des cognassiers, des pêchers sur des pruniers, sans que les dégustateurs les plus subtils aient pu découvrir dans les poires ou les pêches ainsi produites, le moindre goût de coing ou de prune. Le greffon que l'industrie de l'homme applique sur une tige étrangère, conserve sur la tige nourricière ses caractères primitifs. Il constitue alors une véritable plante ayant son individualité, son autonomie, si on peut ainsi dire, qui, au lieu de puiser la sève dans le sol, la reçoit de l'intermédiaire qu'on lui a donné, mais pour élaborer de la façon qui lui est propre, les éléments qui lui sont ainsi fournis. De telle sorte que le greffon se comporte absolument comme s'il était resté sur sa tige mère. Il n'y a pas de doute à cet égard.

Ce procédé, que nous proposons, n'a rien d'imaginaire, ainsi qu'on peut le voir. Il repose sur des faits depuis déjà longtemps consacrés par l'expérience. C'est une application ingénieuse tout au moins, qu'on nous permette de le dire, des lois de la physiologie végétale.

Si on ne trouve pas un moyen de détruire directement le phylloxera, voilà un moyen pratique de soustraire nos vignes à la destruction qui les menace. Nous avons à examiner maintenant si le moyen n'est pas trop difficile à pratiquer, ni trop coûteux pour être employé. Nous ferons remarquer que la question du prix a de l'importance pour tout le monde, mais qu'elle en a particulièrement pour les vins ordinaires. Les vins des grands crûs de Médoc, Saint-Émilion ou Sauternes seront toujours en état, si la nécessité s'impose, de supporter des frais généraux considérables. Pour les vins ordinaires, au contraire, il y aura toujours avantage à faire une dépense légère plutôt que de laisser périr les vignes pour les replanter ensuite sur cépages américains.

Nous allons voir d'ailleurs que les frais nécessités par l'opération, sont très peu considérables.

II

Les frais nécessités par l'opération ne peuvent s'élever à plus de 0,15 c. par cep de vigne.

Observons tout d'abord qu'il n'est pas indispensable de soumettre d'un coup une exploitation tout entière à ce procédé. Il suffira de pratiquer des boutures sur les endroits qui paraîtraient les plus menacés. Pour si rapide que soit le développement de l'insecte, un vignoble ne se trouve pas détruit dans une seule année. La tache d'huile s'étend, mais elle s'étend avec quelque lenteur. Il vaut mieux assurément que l'opération soit faite une ou deux années avant que le vignoble ne soit attaqué. Mais, même alors que le phylloxera aurait été remarqué sur quelques pieds, il serait encore utile de tenter l'opération, qui réussirait sans nul doute, mais pas aussi bien.

Une difficulté se présente : Il faut se procurer les cépages américains réfractaires. Pour cela, nous n'avons pas d'indications à fournir. Des études ont été faites sur ce point par divers viticulteurs. Il faut s'en référer à leurs observations et faire venir d'Amérique les cépages désignés comme étant les plus résistants. Une grande quantité ne sera pas nécessaire, puisqu'il est possible de faire l'opération successivement, année par année. Les boutures de la première année pourront, nous n'en doutons pas, si elles sont suffisamment soignées, fournir de jeunes rameaux pour l'année suivante. On peut donc établir à cinq centimes le prix de chaque rameau devant servir de bouture (1).

Nous ne pouvons établir d'une manière précise le prix des sarments américains; c'est là, du reste, un point peu important.

Remarquons, en effet, que la dépense faite pour se procurer le cépage américain, n'est qu'une simple avance faite au vignoble, dans laquelle il sera facile au propriétaire de rentrer. L'année suivante, en effet, le rameau bouture produira lui-même des sarments au nombre de deux ou trois, si on le désire même en plus grand nombre. Ces sarments pourront être vendus à leur tour, de telle sorte qu'il ne serait pas impossible qu'à l'aide de cette opération, le propriétaire réalisât un léger bénéfice.

Peut-être ne serait-il pas impossible de remplacer les cépages américains par d'autres arbustes sur lesquels la vigne pourrait se greffer. Des expériences ont été faites par nous sur de la vigne vierge; mais le résultat n'est pas encore connu. Dans ce cas, le prix du rameau serait presque insignifiant.

Examinons maintenant les frais de main-d'œuvre : Un homme, quelque peu exercé, peut, sans difficulté, à l'aide d'un greffoir particulier bien connu des horticulteurs, pratiquer plus de cent greffes par jour, ce qui porte le prix de la main-d'œuvre à moins de cinq centimes par cep de vigne. Si, pour tenir compte de tout et évaluer largement, on estime à cinq centimes par cep les menus

(1) Des maisons de commerce, et notamment la maison Douysset fils, à Montpellier, ont importé en France, et livrent aux viticulteurs, les cépages réfractaires.

frais de ligature, mastic et autres matières utiles à la greffe, on atteindra pour toute l'opération le prix de quinze centimes par cep.

Dans le cas où l'opération appliquée à tout un vignoble paraîtrait trop onéreuse, il serait facile de diminuer de moitié les frais, en n'appliquant le greffage qu'à un pied sur deux. Le cep de vigne non greffé, s'il était attaqué par le phylloxera serait alors voué à une mort certaine; mais alors la production du pied voisin pourrait augmenter sensiblement, puisqu'il serait pourvu d'un système de racines plus puissant.

Il est certain que si cette évaluation est exacte, comme nous avons tout lieu de le croire, il n'est pas de propriétaire de vignoble, quelque grossier que soit son vin, qui recule devant une si modique dépense, s'il reçoit, en échange de ce léger sacrifice, l'assurance de voir sa vigne échapper au fléau dévastateur.

On ne manquera pas, sans doute, de nous faire une objection qu'il importe de réfuter par avance : Le développement d'un plant de vigne est très-difficile, lorsqu'on vient à le planter près d'un cep déjà venu : le gros pied attirant à lui, au préjudice de la jeune plante, l'humidité et les matières nutritives que renferme le sol. Il sera facile d'obvier à cet inconvénient en mettant, comme nous l'avons dit, un engrais au pied de la jeune plante. Du reste, la réussite sera infiniment plus assurée, si, au lieu d'employer un simple rameau de vigne, on emploie un rameau déjà enraciné appelé *barbeau* ou *chevelée*.

Tel est le procédé bien simple que nous soumettons à l'expérience des viticulteurs. Basé sur une pratique déjà ancienne en horticulture, il nous paraît présenter les deux avantages que doit rechercher l'agriculteur : Il est d'une réussite assurée, son emploi est facile et peu coûteux. On pourra très-utilement y avoir recours, nous l'espérons du moins, tant que le moyen de détruire directement l'insecte lui-même n'aura pas été découvert.

III

Greffage de la vigne. — Procédé pratique.

Le mode de greffage par rameau-bouture n'est autre chose, comme il est facile de voir, qu'un genre de greffage par approche. Ce greffage est connu de tout temps. La nature en a suggéré depuis longtemps l'idée à l'homme. Il n'est pas rare de rencontrer dans les fôrets, dans les charmilles ou les haies, des arbres unis entre eux dans leurs parties aériennes ou dans leurs racines, par suite de leur frottement ou de leur rapprochement. Ce qui indique que ce greffage, pour réussir, n'exige pas beaucoup de soins.

La greffe de la vigne est peu pratiquée dans le Bordelais, où le sol est occupé par un très-grand nombre de ceps — beaucoup trop grand peut-être. — On peut en compter plus de 10,000 par hectare. Dans le Midi, au contraire, ou les ceps sont au nombre de 3,000 à 5,000 par hectare, elle est relativement moins coûteuse, par suite plus pratiquée. Aussi n'est-il peut-être pas sans utilité de décrire brièvement l'opération du greffage, dont beaucoup de personnes sans doute s'exagèrent la difficulté.

Pour la vigne, l'époque de greffer en approche commence avec la sève et finit avec elle, de mars en septembre. Le greffage exécuté pendant toute cette période peut très-bien réussir. Cependant il y a plus de chances de succès si on procède au printemps, pendant les mois de mars et d'avril. Si on fait la greffe tardivement, il est préférable d'employer des sarments enracinés.

Nous supposons qu'on s'est procuré des sarments réfractaires. (1) Il importe qu'ils soient assez longs pour qu'on puisse coucher sous le sol une partie assez longue, de telle sorte que plusieurs bourgeons poussent à la fois des radicelles, la nouvelle racine se trouvera de la sorte plus rapidement constituée. Au moment où la vigne est déchaussée au printemps par le premier labour, un ouvrier devra pratiquer autour de chaque cep de vigne à opérer, une excavation de $0^{m},15^{c}$ à $0^{m},20^{c}$ de profondeur, suivant les terrains, mais toujours assez profonde, pour que la nouvelle racine soit à l'abri de l'air et de la charrue. Les ceps de vigne ainsi préparés, l'opérateur viendra alors et procédera d'une manière bien simple.

A l'aide d'une gouge que nous avons figurée planche II, lettre G, il pratiquera dans le cep une incision ou rainure assez profonde pour que le sarment puisse y pénétrer. Puis à l'aide d'un couteau, il avive le sarment, de telle sorte qu'en rapprochant le greffon du sujet, l'adhérence soit aussi complète que possible. Ce travail est très-simple et permet d'acquérir une grande habileté en peu de temps. Il n'est pas d'ailleurs indispensable pour que la réussite soit complète, que l'opération soit faite avec une extrême précision.

Le greffon ainsi adapté aussi hermétiquement que possible au sujet, il ne reste plus qu'à opérer la ligature. Pour cela, on peut employer n'importe quel lien, pourvu qu'il puisse opposer une résistance suffisante. Il conviendra de se servir des liens qu'il sera le plus facile de se procurer.

La greffe par approche présente cet avantage que le

(1) Les cépages américains signalés jusqu'à présent comme réfractaires sont : le Scuppernong, le Clinton, le Waren ou Herbemont, certaine variété de Cordifolia.

greffon, une fois posé, si l'opération a été bien faite, aucune partie avivée ne se trouve exposée au contact de l'air. Il n'est donc pas nécessaire de couvrir la greffe d'aucun mastic. Cependant, pour plus de sûreté, on fera bien d'en mettre aux deux extrémités de l'incision; c'est, en effet, sur ces deux points, que l'adhérence risque d'être moins parfaite.

L'opération est alors complétement terminée, il ne reste plus qu'à rechausser la vigne de telle façon que le point supérieur de la greffe soit couvert de 0m,10c environ de terre, et que le sarment greffé porte sur sa tige aérienne deux ou trois yeux. L'année suivante, lorsque la soudure aura été complète, on supprimera la partie aérienne du greffon. L'expérience dira s'il convient de supprimer entièrement la tige ou de laisser quelques yeux comme *tire-sève*. La nécessité de se procurer de nouveaux sarments pour continuer les opérations l'année suivante, déterminera peut-être à laisser quelques rameaux. Il n'y aura à cela aucun inconvénient, à moins que le cep ne soit déjà atteint par le phylloxera; dans ce cas, la sève produite par la racine réfractaire devrait être utilisée toute entière à l'entretien du vieux pied.

Bordeaux, le 10 avril 1874.

DOCUMENTS JUSTIFICATIFS

Extraits du compte-rendu de la séance tenue le 23 mars par la Société d'Agriculture de l'Hérault.

« Depuis les remarquables articles de M. Planchon, touchant la résistance des cépages américains au phylloxera, on est à la recherche des faits susceptibles de démontrer la justesse des prévisions de l'éminent botaniste sur la manière dont se comporteront ces cépages en France. Un de ces faits ayant été signalé la semaine dernière à M. Gaston Bazille, président de la Société d'Agriculture, celui-ci s'est transporté, avec un certain nombre de ses collègues, sur les lieux de l'expérience, afin de constater l'exactitude des renseignements qui lui avaient été fournis. Il a exposé hier, à la Société, ce qu'il avait vu, et n'a pas caché qu'il avait été confirmé par ce spectacle, dans les espérances de salut fondées sur l'importation des cépages américains.

» Dans une vigne située au milieu d'une garrigue, près de Prades, à 12 kilomètres de Montpellier, ayant un demi hectare environ d'étendue, plantée de boutures américaines et de boutures françaises qui vont prendre leur troisième feuille, en proie au phylloxera, les boutures américaines sont magnifiques, tandis que les boutures françaises sont mortes ou mourantes.

» D'après l'information qui a été faite sur les lieux de l'expérience, tout porte à croire que ces boutures américaines sont des boutures de *Clinton.* »

Lettre de M. Fabre, ancien député du Gard, à M. le président de la Société d'Agriculture de ce département.

Saint-Clément (près Montpellier), le 18 mars 1874.

« MONSIEUR LE PRÉSIDENT,

» Le problème est résolu. Nous possédons un cépage très-fertile, très-résistant, d'une vigueur incomparable qui donne un vin rouge excellent, très-riche en couleur et très-alcoolique.

» J'avais affirmé tout celà. Je suis heureux de vous apporter aujourd'hui une preuve qui ne laisse plus de place à la contradiction.

» Il y a deux ans, M. Guilbeau, propriétaire du château de Restinclières, près Montpellier, envoyait d'Amérique, à son régisseur, deux ou trois mille boutures de *clinton,* comparables, pour la longueur et la grosseur, à une aiguille à tricoter (Ce sont les expressions du régisseur). Ces boutures furent plantées au milieu des garrigues à côté de plants du pays, dans un quartier depuis longtemps envahi par le phylloxera.

» Je suis allé visiter cette vigne, et j'ai constaté que les boutures américaines *plantées,* il y a deux ans, ont aujourd'hui d'*énormes racines* parfaitement saines et des radicelles intactes, malgré la présence de l'insecte.

» Les boutures du pays placées *à côté,* ont perdu *leurs radicelles,* et déjà *les grosses racines sont noires et complètement désorganisées.*

» Ce contraste n'a pas besoin de commentaires. Il confirme de la manière la plus éclatante les conclusions du rapport de M. Planchon.

» Nous pouvons donc, en toute sécurité, greffer ou replanter nos vignes au milieu des foyers phylloxeriques les plus intenses.

» Recevez, Monsieur, etc.

» FABRE,
» *ancien député du Gard.* »

Montpellier, le 25 avril 1874.

« Monsieur,

» Je vous remercie de la très-intéressante brochure que vous avez bien voulu m'adresser. J'ai trouvé l'idée très-ingénieuse, appliquée surtout aux cépages de vins fins que vous avez tant intérêt à conserver, en leur donnant par la greffe *rhizoplastique* des suçoirs permanents à la place de ceux qu'ils perdent. Le plus important est de mettre l'idée en pratique et d'en démontrer le plus tôt possible les bons effets.

» Pour ce qui est de la résistance de certains cépages américains au phylloxera, elle ne saurait être contestée. Un article du journal que je vous adresse vous fera connaître un fait des plus intéressants qui confirme à cet égard ce que M. Laliman avait vu à Bordeaux, et ce que Riley et moi avons vu en Amérique.

» Veuillez croire, etc.

» J.-E. Planchon. »

Voici l'article de M. Planchon :

LE PHYLLOXERA ET LES VIGNES AMÉRICAINES.

A Roquemaure (Gard).

Malgré la concordance générale des observations de M. Laliman à Bordeaux, et de M. Riley en Amérique, sur la résistance qu'opposent au phylloxera certains cépages américains, on pouvait conserver quelques doutes sur le succès de la culture de ces cépages en Europe, et réserver tout jugement à cet égard jusqu'au moment où l'expérience directe aurait confirmé les faits connus. C'est dans ses réserves prudentes que j'avais cru devoir me tenir dans un rapport lu devant la Société centrale d'agriculture de l'Hérault, le 25 novembre 1873.

Restant ainsi, à dessein, plutôt au deçà qu'au delà des prévisions légitimes et des conclusions naturelles des faits observés, je laissais à l'initiative des vignerons le soin de faire les expériences décisives, tout en mettant comme condition première à ces essais de culture de vignes américaines, qu'ils seraient tentés exclusivement dans des localités déjà infectées de phylloxera.

Il importait que l'expérience se fît sur des points très-multipliés, dans les foyers même de la peste phylloxérique, et, sous ce rapport, l'arrondissement de Montpellier, dans sa portion orientale surtout, ne ne nous offrait que trop de champ d'études. Le Vaucluse, le Gard, les Bouches-du-Rhône, (pour ne parler que du Midi) plus dévastés encore, avaient plus d'intérêt à ces essais de culture de plants exotiques, destinés probablement à combler un jour les vides des vignobles indigènes.

Tel était l'état de la question, lorsque M. Paul Douysset, rédacteur du *Messager du Midi*, m'a signalé un fait dont l'importance est capitale dans cette étude de l'avenir des cépages américains.

Le fait dont il s'agit devrait s'appeler plutôt une *expérience*, expérience d'autant moins suspecte qu'elle a été inconsciente, d'autant plus sûre dans ses résultats qu'elle remonte à dix ou douze ans, et qu'elle concorde de tout point avec celle de M. Laliman, à Bordeaux, et avec mes propres observations en Amérique.

Voici ce fait, tel que je l'ai vérifié sur place, en même temps que MM. Ripert, Jacques Ribière et Valens Niel, membres de la Société d'agriculture de Vaucluse.

Dans un enclos attenant aux maisons mêmes de Roquemaure, M. Borty, négociant en vins, cultivait un beau vignoble de plants du pays qui devint la proie de l'oïdium. Ayant entendu dire que les vignes américaines échappaient à cette cryptogame, M. Borty, par l'intermédiaire d'un ami, se procura, vers 1862 (la date n'est sûre qu'à une ou deux années près), un certain nombre de cépages américains, 154 pieds environ. Il en fit un petit carré au milieu même de vignes françaises. Quelques pieds (les *Clinton* entre autres et les *Postoak*) étaient des boutures enracinées, les autres de simples sarments. Or, aujourd'hui, après dix ans au moins, après douze ans peut-être, ces pieds américains sont non-seulement vivants, mais on peut dire luxuriants et pleins de vigueur. La longueur de leurs sarments, la sève qui jaillit de la section faite aux coursons, la fraîcheur de leurs pousses naissantes, l'abondance de leurs raisins (chez ceux du moins qui sont cultivés à bois long, comme il le faut pour les cépages américains), tout indique une résistance au phylloxera qui contraste singulièrement avec celle des vignes françaises placées dans le même terrain.

De ces dernières, un très-grand nombre sont mortes sous les atteintes de l'insecte, d'autres végètent péniblement dans cet état de marasme qui dure longtemps sans amener la mort totale, alors que les racines pourries, abandonnées par l'ennemi, poussent encore quelques radicelles nourricières; mais le tout est considéré comme perdu, et le propriétaire n'y compte plus pour une récolte sérieuse.

Ainsi, d'une part, dans le même sol et côte à côte des cépages français morts ou mourants (ce sont des grenaches ou alicantes); de l'autre, des cépages américains pleins de vigueur, tel est le tableau qu'offre ce coin du terroir de Roquemaure, dont la vigne faisait naguère la richesse, et où les seuls vignobles sont ceux des terrains sablonneux ou limoneux des bords du Rhône, qui reçoivent de temps en temps les eaux débordées du fleuve.

L'origine américaine des vignes vigoureuses de M. Borty, ne saurait être mise en doute. Le témoignage de ce négociant, les noms dont il a gardé la liste, les caractères mêmes des plants, la description qu'on nous a faites de leurs raisins, ne laissent aucune ombre d'indécision à cet égard. Dans le nombre, du reste, il y a des *Clinton* qui sont parfaitement reconnaissables, et si j'ajourne au mois de septembre prochain la détermination des autres, c'est que les noms venus des pépinières sont par eux-mêmes suspects, et que l'absence d'étiquettes et le mélange de cépages, souvent très-ressemblants au début de leur végétation, rendrait imprudente, sinon impossible, toute tentative de les déterminer dès à présent.

Parmi les noms dont M. Borty a gardé la liste, figurent ceux de *Post-oak*, d'*Emiley*, d'*Ives-Seedling*, de *Clara*, de *Mustang* (mais je doute que ce soit la vraie plante).

Quant aux *Delaware*, M. Borty a dû les arracher, ce qui confirme les observations faites par Riley et moi, en Amérique, sur la non résistance de ce cépage au phylloxera.

Même observation pour l'*Isabelle*, dont les pieds (anciens et forts) ont été arrachés par M. Borty, parce que, sous les attaques du phylloxera, ils ne faisaient que misérablement vivoter. On sait que pareille chose s'est passée, pour ce cépage, dans l'enclos de M. Laliman, et que, en Amérique même, ce raisin, autrefois favori, disparaît graduellement du marché qu'il alimentait comme raisin de table.

En résumé, et tout en ajournant à la saison des vendanges l'étude détaillée des plants d'Amérique de M. Borty, un fait capital se détache de cette expérience non préméditée, savoir : la persistance absolue, la vigueur, la fertilité du *clinton* et d'autres cépages américains au milieu d'un vignoble où la vigne française est morte ou végète à peine, et dans le terroir même ou le phylloxera s'est manifesté pour la première fois, il y a neuf ans environ, sur la rive droite du Rhône.

Qu'on raproche maintenant cette date de celle de la plantation de M. Borty (il y a dix ou douze ans), et l'on ne pourra s'empêcher de croire que ces vignes ont été pour notre région du Midi le véhicule du phylloxera, comme les vignes de M. Laliman l'ont été pour le Bordelais. Une même pensée, celle d'échapper à l'oïdium, a présidé à ces importations funestes, et, par une sorte de compensation, l'idée du remède par les vignes américaines résistantes se sera dégagée de l'observation même de ces deux foyers d'infection première, où quelques cépages américains ont seuls échappé à la destruction des autres vignes.

J.-E. Planchon.

Bordeaux. — Imprimerie centrale A. de Lanefranque.

RHIZOPLASTIE.

Pl. N° 1. Cep de vigne après le Greffage.

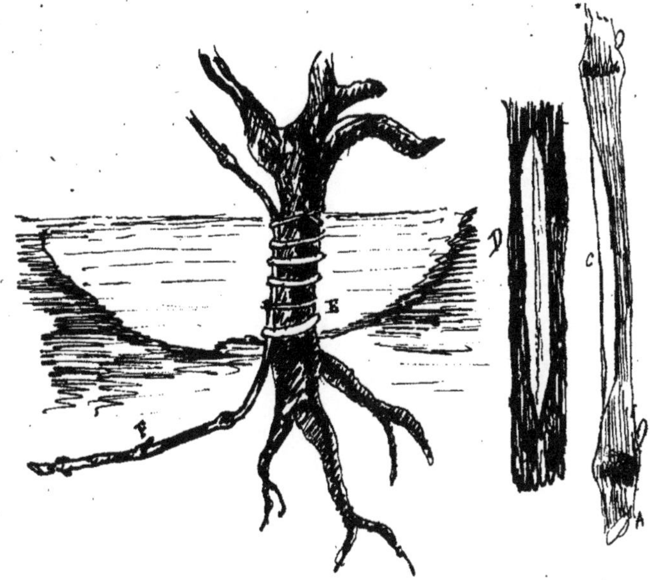

E sujet à Greffer
F Greffe.
A Rameau avivé en C
B sujet incisé.

Pl. N° II Cep de vigne lorsque le rameau-bouture a poussé de jeunes racines.

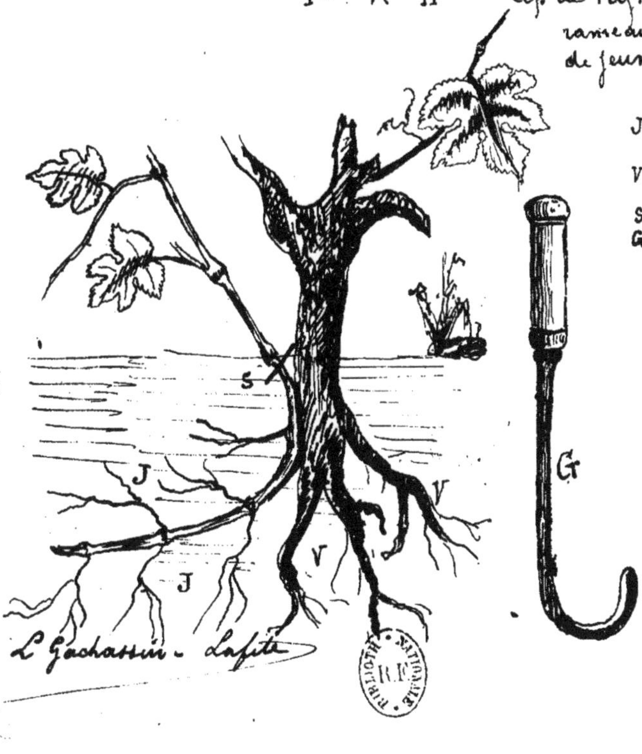

J.J. Jeunes racines venues sur rameau Americain
V.V. Vieilles racines existant déjà sur vieux bois
S point de section.
G. Gouge courbée pour faire l'incision.

S
J
J
V
V
G

L. Gachassin-Lafite

LITH. J. VIDAL

www.ingramcontent.com/pod-product-compliance
Ingram Content Group UK Ltd.
Pitfield, Milton Keynes, MK11 3LW, UK
UKHW021037260726
13994UKWH00005B/2218

9 782329 417356